U0238363

玉米地里的悄悄话

—— 水肥一体化科普

梁飞　许秀华　著

水杉酱　绘

中国水利水电出版社
www.waterpub.com.cn

·北京·

我叫妙妙，从小和爷爷生活在一起。

玉米镇，一座种满玉米的小镇。一条晶莹的小河流淌在小镇旁边，小河蜿蜒，一直伸到远方。

玉米镇里，小河边，有一大片爷爷的农田。

我和爷爷坐在屋檐下乘凉，望着绿油油的玉米地。

我对爷爷说："我要长得和玉米一样高。"

爷爷看着我笑开了花："妙妙一定长得比它高！"

可是，爷爷最近很苦恼。

爷爷的苦恼在小河里：已经很久没有下雨了，村子旁的河流小了许多，河里的水已经不足以灌溉农田。

08

我决定做些事情让爷爷开心，让玉米长好。

放学后，我冲出教室，在小河里用小罐子取水浇玉米地。

可是只浇了一小片，我就累
得躺在了玉米地里。就在这时，
我发现了一株小玉米。

我还是只浇一株吧，这株最小，就它了。

现在，让小玉米长高变成了我最期盼的事情。

每天放学后，我都要给小玉米浇水，希望小玉米能喝水喝得饱饱的。

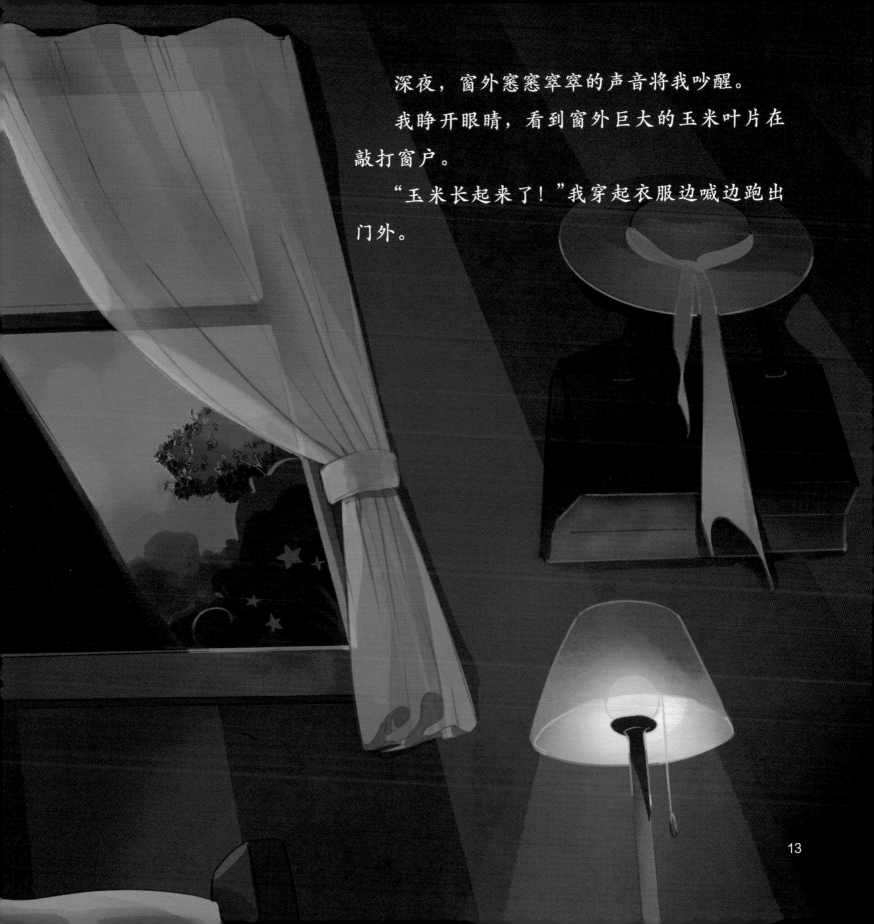

深夜，窗外窸窸窣窣的声音将我吵醒。

我睁开眼睛，看到窗外巨大的玉米叶片在敲打窗户。

"玉米长起来了！"我穿起衣服边喊边跑出门外。

我被眼前的景象震惊了：院子里都是金灿灿的高大玉米，它们的个头足以比肩屋顶。

14

"玉米长出来了!"我在玉米地里快乐地跑着。

玉米们也仿佛有了生命,为我让出了一条小路。

忽然,我停了下来。

前面有个男孩儿蹲着哭泣,我从来没见过他。

我走上前去，问他为什么哭。

他抽泣着告诉我他叫阿米，就是我浇灌的小玉米！以这样的方式与我见面是要消耗能量的，但是他不得不告诉我——他长不高了。

"为什么？！是因为水不够吗？"我急着问。

阿米说："不是，恰恰相反，我喝的水太多了，我只喝水，不吃饭，现在长成了黄头发的豆芽菜，我都没有办法结出玉米棒子了。"

我很诧异，我做的事情反而害了小玉米。

　　小玉米像看明白了我的心思，他擦干了脸上的泪水，说："你没有害我，一开始我是需要水，但现在我长到了一个新的时期，不能再喝那么多水了，我现在不渴了但是很饿。我长得太快，现在我需要吃饭，就是施肥，如果继续只喝水的话，我将会头重脚轻，很可能随时倒下。"

　　"那现在该怎么办？"

　　"现在只要让我吃饱就行了。"

肥料

说完小玉米不见了，我喊了一声："阿米——"

我一下子惊醒了，发现自己还在床上，窗外也没有玉米敲打窗户。

早晨，我穿上衣服跑到了农田里，看见小玉米"垂头丧气"的样子。

我把这个梦告诉了爷爷，于是爷爷和我一起给小玉米施了肥，浇了水。

过了两天，小玉米果然长得更加壮实了，叶子也变得绿油油了。

这天下了一场很大的雨，河道里的水又涨上来了，田里的沟道也淌满了水。

我和爷爷站在屋檐下，看着雨水洒在玉米地里，洒在干旱已久的大地上，两个人笑开了花。

我心想：这下玉米吃饱喝足肯定能长得很好！

但是小玉米又来到了我的梦里，他还是在哭泣。

"是水不够喝还是肥料不够吃呢？"我问。

小玉米说："雨水很多，可我喝不了那么多，大部分水都随着田垄流走了，雨水把肥料带到了小河里，污染了河流，河里的鱼会死。"

　　"那些撒在地表的肥料，还没有来得及溶于水，就被雨水冲走了。大块的肥料到不了我的嘴巴，我没法吃，也吃不下去。大量地面的肥料残留，还会导致土壤板结，酸化、盐化。"

　　"那怎么办？"我没想到好心会办坏事，我很懊恼。

28

小玉米接着说："可以把浇水和施肥两个过程结合起来，就像喝粥一样，把肥料溶解在水中，然后再给我们浇水。这样，灌溉的同时就顺带着施肥了，施肥的同时也顺带着灌溉了。"

其他玉米说道："是啊是啊，先将肥料溶解于水，然后通过管道输送到我们的根部。我们需要多少就给我们输送多少，既让我们农作物吃得饱又喝得好，同时还节约用水、节约用肥，我们再也不怕水不够喝了，也不怕饿肚子了。"

NH_4^+

HPO_4^{2-}

NO_3^-

K^+

　　这时候落在玉米穗上的麻雀也说："我看到很多地方的农田也都开始这样做了，听人们说这个叫做水肥一体化，是一种新的农业节水技术，实现了水肥同步管理，两件事情一起做，省钱省事……"

我把和小玉米的奇遇告诉了爷爷，爷爷叫来了玉米镇的其他人，很快就买来材料，在水利等相关部门的帮助下，安装好了水肥一体化系统。

大家修建了首部枢纽，安装了水泵、施肥装置、过滤设施和安全保护以及测量控制设备。

　　首部枢纽被放在一个房子里，负责从河里取水，混合肥料，过滤掉水中的杂质，并控制着灌溉时间、水肥用量。

然后，在节水灌溉等相关科技人员的指导下，大家又安装了输配水管网，铺设了干管、支管和毛管三级管道，将混合肥料的水输送到田间。最后，大伙儿在管道上安装了滴头，把水肥准确输送到玉米的根部，让玉米想喝多少喝多少，想吃多少吃多少。

经过玉米镇所有人的努力，玉米果然长得饱满肥硕。玉米镇的人和爷爷一样，都很开心。

小玉米也再没出现在我的梦里。

很长时间过去了，有一天，我走在上学的路上。

"妙妙！"身后有人喊我。

我回头一看，一个金黄色头发的小男孩儿
站在那里……

妙妙为什么要给小玉米浇水？

答：因为小玉米也要喝水。小玉米要把喝进去的水，送进身体各处的细胞里，这样小玉米的根、茎、叶，以及长大后长出来的花、果实、种子，才是饱满健康的。小玉米身体里的水，有的进入细胞里，支撑细胞进行新陈代谢；有的在细胞外面，让细胞处于友好的水环境中。从根到茎再到叶片的植物维管系统，像个抽水管一样，通过蒸腾作用，将水分从叶片蒸发出去，并借此形成吸力，把土壤中的水分吸收上来。随着水分的吸收，土壤里的养分也会被根吸收进小玉米的身体里。在水的滋润和帮助下，小玉米才能茁壮成长。缺水的时候，小玉米的叶片会变得卷曲，如果长时间缺水，小玉米不但无法结出玉米棒子，可能还会枯死。

叶片的蒸腾作用让小玉米体内的水分流失，太阳晒得土壤干燥让小玉米喝不到水。这时，就需要通过灌溉让土壤水分得到补充，让小玉米总能喝到水。

妙妙为什么要给小玉米施肥？

答：小玉米也要吃饭呀。小玉米要吃饭才能长大个。小玉米通过光合作用将空气中的二氧化碳和水分合成葡萄糖，解决了碳氢氧三种元素的来源问题。

然而，小玉米的身体，还需要氮（N）、磷（P）、硫（S）、硼（B）、氯（Cl）等非金属元素，以及钾（K）、钙（Ca）、镁（Mg）、铁（Fe）、锰（Mn）、锌（Zn）、铜（Cu）、钼（Mo）、镍（Ni）等金属元素。这些元素都要从土壤中获得。

随着小玉米的生长，土壤中的上述元素会逐渐减少。通过施肥，就可以有效地补充土壤的养分。所以说，肥料就是小玉米的饭。

你知道什么是水肥一体化吗？

答：水肥一体化是一项通过对水、肥同步管理，继而实现对水、肥高效利用的农业新技术，让作物在吃饱喝好的同时实现节水节肥、省钱省事。

它将灌溉和施肥这两项农业活动合为一体，一次完成。具体做法是，根据作物生长各个阶段对养分的需要和土壤养分供给状况，将肥料溶入施肥容器中，并随同灌溉水沿着管道经灌水器进入作物根区。水肥一体化可以在农作物缺养分的时候才施肥，并且提供的肥料不多不少，适时、适量地满足农作物对水分和养分的需求，节水又节肥。

为什么要进行水肥一体化？

答：农作物的生长既要喝水也要吃饭。作物的生长离不开水分，也离不开养分，水肥对于作物生长是同等重要的。水或肥无论哪一个出现亏缺都对作物生长不利。

农作物主要靠根系来吸收水和肥料。根系对水和肥的吸收是互相促进的。肥料必须溶于水才能被根系吸收，施肥亦能提高作物对水分的利用。

水肥一体化技术将灌溉与施肥融为一体，水肥同步既有利于作物吸收水肥，又提高了水分和养分的利用率。

水肥一体化工程由哪几部分组成？

答：水肥一体化工程由水源、首部枢纽工程、输配水管网和灌水器四部分组成。

（1）水源，即水肥一体化灌溉取水的水源，如河流、湖泊、池塘、水库、蓄水池等地表水以及井水等地下水等。

（2）首部枢纽工程，这是混合水和肥料的一套装置，是水肥一体化的核心，由动力机、水泵、施肥装置、过滤设施、安全保护以及测量控制设备组成。其主要功能是取水、按照要求加入肥料溶解、过滤掉其中的不溶物，在合适的时机，打开阀门，进行灌溉施肥等。

（3）输配水管网，即将混合好的水肥分配并输送到农田各处的一套管网。一般由干管、支管和毛管三级管道组成。

（4）灌水器，即布置在农田里的灌溉装置。常分为滴头和滴灌管（带）两大类。

如何过滤灌溉水？

答：天然水源里面有泥沙、微生物以及其他杂质，不能直接用于水肥一体化，必须进行前期处理。过滤是常见的前期处理方式。

在水肥一体化工程中，需根据不同的水源及水质情况，选择合适的过滤设备。常见的离心式过滤器可去除水中大颗粒、高密度的固体颗粒；砂石过滤器可滤除水中的有机质、浮游生物和颗粒细小的泥沙。

过滤设备的具体选择如下：水质差的地表水一般采用"砂石过滤器 + 网式过滤器或者叠片过滤器"；地下水一般采用"离心式过滤器 + 网式过滤器或者叠片过滤器"。

滴灌水肥一体化都有哪些灌水器?

答：灌水器是布置在田间地头，直接灌溉农作物的装置。根据结构与出流形式，通常分为滴头和滴灌管（带）两大类。

（1）滴头，主要作用是通过流道或孔口将毛管中的压力水流变成滴状或细流状。滴头可分为非压力补偿型滴头和压力补偿型滴头两种；有压力补偿的，出水会更加稳定一些。

（2）滴灌管或滴灌带，是将滴头和毛管合二为一，同时有配水和滴水功能的管（带）；目前国内外用得比较多的有内镶式滴灌带和单翼迷宫滴灌带。

什么样的肥料适合于水肥一体化?

答：水肥一体化工程要求肥料有很好的溶解性，否则不能随着灌溉稳定均匀地送到农田各处。优质廉价且适合不同作物的水溶肥常常用于水肥一体化工程。

水肥一体化中的肥料应具有如下特点：

（1）高度可溶；不会出现不可溶解的物质；杂质少，不会使过滤系统造成损坏。

（2）酸碱度为中性或偏酸性

（3）金属微量元素最好是螯合物形式，不影响溶解度

适合于水肥一体化常见的肥料有尿素、磷酸一铵、磷酸二氢钾、大量元素水溶肥、液体水溶肥等。

审定人员名单

水利部宣传教育中心：梁延丽　张佳丽　周雪濛

总　策　划：营幼峰

策　　　划：王　丽　李丹颖　马爱梅　黄会明

执行策划：范冬阳

责任编辑：刘向杰　范冬阳

图书在版编目（CIP）数据

玉米地里的悄悄话 ： 水肥一体化科普 / 梁飞，许秀
华著 ； 水杉酱绘. -- 北京 ： 中国水利水电出版社，
2022.3
  ISBN 978-7-5226-0459-6

Ⅰ．①玉… Ⅱ．①梁… ②许… ③水… Ⅲ．①玉米—
肥水管理—普及读物 Ⅳ．①S513-49

中国版本图书馆CIP数据核字(2022)第024359号

YUMIDI LI DE QIAOQIAOHUA: SHUI FEI YITIHUA KEPU

玉米地里的悄悄话——水肥一体化科普

梁飞 许秀华 著　　水杉酱 绘

水利部宣传教育中心　审定指导

中国水利水电出版社　出品

出版发行：中国水利水电出版社　社址：北京市海淀区玉渊潭南路1号D座　邮编：100038

电话：010-68545888（营销中心）

网址：www.waterpub.com.cn　E-mail: sales@mwr.gov.cn

经售：北京科水图书销售有限公司　全国各地新华书店和相关出版物销售网点

电话：（010）68545874、63202643

排版：中国水利水电出版社装帧出版部

印刷：天津画中画印刷有限公司

规格：245mm×245mm　12开本　4印张　72千字

版次：2022年3月第1版　2022年3月第1次印刷

印数：0001—3000册

定价：58.00元